Drei Briefe

an die

Freunde deutscher Afrika-Forschung, kolonialer Bestrebungen und der Ausbreitung des deutschen Handels.

Als Manuscript gedruckt für die Vorstands-Mitglieder des Deutschen Kolonial-Vereins.

Von

Ed. Robert Flegel,

Ehrenmitglied des Deutschen Kolonial-Vereins.

Berlin, 1885.

Druck der Norddeutschen Buchdruckerei,

Wilhelmstr. 32.

Motto:

„Ich werde der letzte sein, der die eminenten „Leistungen unserer Regierung und unserer Wissen„schaft herabsetzen will; aber trotz aller Hochachtung „vor den betreffenden Persönlichkeiten, bleibt es „dennoch wahr: Deutsche Staatsbeamte und „deutsche Gelehrte werden dem deutschen „Reiche die reale Welt nicht erschließen, „wenn es das deutsche Volk nicht thut."

Dr. Hübbe-Schleiden.

Vorwort.

Diese Briefe haben freilich nur ein historisches Interesse und dennoch möchte ich den Inhalt derselben den Freunden deutscher Afrikaforschung wieder ins Gedächtniß rufen, weil sich in Deutschland noch immer nicht jenes **thätige** Interesse für das Benuögebiet gefunden hat, um seine fruchtbaren Uferlande der Kultur und dem deutschen Handel zu erschließen.

Ich benutze die Gelegenheit, um der Generalversammlung des deutschen Colonialvereins in unserer Residenz, meine alten Pläne aufs Neue in Erinnerung zu bringen und die Theilnehmer dieser Versammlung zu bitten, sich der guten Sache anzunehmen und dieselbe nach Rückkehr in die Heimath zu vertreten, um ihr Freunde zu gewinnen.

Das Motto, ein ernstes, wahres Wort unseres Colonial-Theoretikers Dr. Hübbe-Schleiden, soll den Colonialverein und jedes Mitglied desselben an die Pflicht erinnern, durch Thaten zu beweisen, daß wir uns der hohen Ziele, welche wir uns gestellt, bewußt und daß wir im Stande sind, sie zu verwirklichen.

Die deutsche Regierung hat in letzter Zeit so Großes für uns geleistet —, sollten wir nicht die Verpflichtung fühlen, die nun geebneten Wege zu benutzen, um das, was seit der Einigung des Reiches zumeist ersehnt wurde, zu verwirklichen!

Von der Zeit der Phönicier sind die seekühnen und seetüchtigen Völker — und das sind wir Deutsche nicht minder als andere Nationen — auch die reichsten und mächtigsten gewesen.

Der Colonialverein ist mit dazu berufen, Deutschlands Interessen nach dieser Richtung hin zu fördern und würde das am besten thun, wenn er den Gedanken Hübbe-Schleidens von der „privaten Initiative“ verwirklichen könnte.

Seien wir denn nicht länger die Landratten, sondern tragen kühn deutsches Capital, deutsche Arbeitskraft und deutsche Intelligenz übers Meer hinaus in ferne Länder, jenen und unserem deutschen Vaterlande zum Nutzen.

Berlin, den 21. Februar 1885.

Ed. Robert Flegel.

Erster Brief.

Seit 1875 beschäftigt mich der Gedanke Dr. Heinrich Barth's, die einzige natürliche und kataraktenfreie Wasserstraße des schwarzen Erdtheils, den Niger-Benuë, zu benutzen, um:

der deutschen Afrikaforschung den bequemsten, gefahrlosesten und billigsten Weg zur endlichen Entschleierung der letzten Geheimnisse des Herzens der „Ethiopia" zu zeigen;

die Freunde colonisatorischer Bestrebungen auf ein Land aufmerksam zu machen, das, weil tropisches Bergland, sehr möglich alle Vorzüge der Tropen mit einem dem Europäer zuträglichen Klima verbinden könnte;

dem an der Westküste von Afrika stark betheiligten deutschen Handel Mittel und Wege an die Hand zu geben, sich nach dem bekanntlich viel gesunderen und viel größere Handelsvortheile versprechenden Innern auszubreiten.

Damals war es allein die feste Ueberzeugung, das Rechte getroffen zu haben, wenn auch Manches sich in Wahrheit anders als gedacht erweisen sollte — welche mir die Kraft verlieh, allein gegen den Strom traditioneller Anschauung in Bezug auf Unternehmungen von der Westküste Afrika's, dem verrufenen Busen von Benin aus, anzukämpfen. Seit 1879 durch die glückliche Fahrt des „Henry Venn" und noch mehr durch meine letzte Reise (März 1882 — Februar 1883) nach dem Quellgebiet des Benuë steht mir praktische Erfahrung zu Gebote und nach dieser kann ich meine seit 1879 oft gemachten Vorschläge nur aufs Neue dringend Ihrer Beachtung empfehlen:

Centralisirung der deutschen Bestrebungen zur Erschließung Afrika's in Adamaua;

Errichtung von wissenschaftlich-commerziellen Stationen daselbst;

gründliche Durchforschung des Landes auf dessen Werth für Handel und Colonisation;

Beschaffung eines kleinen Dampfers zur freien, unabhängigen Bewegung des ganzen Unternehmens, Beförderung von Mitgliedern der Expedition, von Waaren, Sammlungen, Stationsbedürfnissen 2c. und zur Lösung der Barth'schen Hypothese von der directen Wasserverbindung zwischen Benuë und Logone, event. also zwischen Hamburg und Munza's, des Niamniamfürsten, Gebiet.

Bis heute habe ich freilich vergeblich für diese meine Pläne gesprochen und geschrieben. Zunächst wurde mir die Entgegnung, daß sich Niemand dafür gewinnen ließe. Ich sollte aber mit Erfolgen gekrönt heimkehren und meine gute Sache persönlich vertreten, dann ließe sich Manches hoffen, d. h. also: Ich soll erst ein berühmter Mann werden! Es ist ja leider nur zu wahr, daß ein großer Name selbst für eine große Dummheit oft die nöthigen Mittel sich leicht zu beschaffen vermag. Dieser Rath ist aber leichter gegeben als ausgeführt, und wollte man darauf warten, bis ich mir durch meine Reisen — zu denen mir immer das Beste fehlt — das Geld! einen großen Namen erworben, so könnte man leicht mit dem Unternehmen post festum kommen. Der Niger-Benuë ist heute auch nicht mehr so vollständig unbeachtet, wie er es 1875 war. Anderen Nationen ist seine Bedeutung jetzt klar und englische wie französische Handelskompagnien wetteifern mit einander um die Erschließung und commerzielle Ausbeutung seiner reichen Gebiete. Eben deshalb glaube ich augenblicklich meinen Posten noch nicht verlassen zu dürfen, wenn auch mein physischer Zustand vielleicht mehr als je dieses erheischt. Sonst hätte ich wahrscheinlich, gestützt auf meine letzten Erfolge, die Entdeckung der Wasserscheide zwischen Benuë und Logone, es persönlich versucht, in Deutschland mit meinen Anschauungen durchzudringen oder wenigstens doch denselben Freunde zu gewinnen. So aber muß ich meine Hoffnung darauf setzen, daß sich berühmte deutsche Männer finden werden, die genügendes Interesse an der deutschen Afrikaforschung haben und so viel Patriotismus besitzen, um meine Vorschläge nicht unberücksichtigt abzuweisen, sondern sie erst einer gründlichen Prüfung zu unterziehen und event., wenn ein endgiltiges Urtheil zu Gunsten derselben gefällt werden sollte, ihre Namen zur Durchführung des meiner Ansicht nach viel versprechenden Unternehmens herzugeben sich bereit finden.

Ich gebe die frohe Hoffnung, trotz fehlgeschlagener Versuche, so leicht nicht auf, die deutschen Farben auf dem Niger-Benuë entfaltet zu sehen zu ehrendem Angedenken unseres großen Entdeckers Barth wie zum Ruhme und Nutzen unseres gesammten Vaterlandes. Nachdem ich hierdurch meine Pläne nochmals dargestellt, bleibt mir nur noch die Pflicht, die Zweckmäßigkeit derselben zu begründen.

Legen wir einen Kreis um Afrika, so fällt das Centrum desselben ungefähr da, wo der Libasee auf den Karten verzeichnet ist, nur etwa um einen Grad südlicher. Dieser Kreis schneidet nahezu Cap Spartel und Cap Lagulhas und bleibt von Cap Verde (ca. $1^1/_3$ Grad = ca. 20 deutsche Meilen) und Cap Guardafui (ca. $2^2/_3$ Grad = 40 deutsche Meilen) etwa gleich weit entfernt. Die Radien dieses Kreises sind ca. 38 Grad = 570 deutsche geographische Meilen lang. Denken wir uns in der Peripherie dieses Kreises die Himmelsgegenden verzeichnet, so wird man von ihr ausgehend in der Richtung nach dem Centrum hin, dem noch völlig unbekannten Herzen des Continents, im Süden, Südosten, Osten, Nordosten, Norden und Nordwesten sehr bald auf Land stoßen, nur wenig bedeutende Meereinschnitte und noch weniger große Ströme finden, welche als Zugänge für die Fahrzeuge der Civilisation brauchbar wären. Anders dagegen auf dem vierten Viertel des dem Continente umschriebenen Kreises, der zwischen Westen und Süden gelegen ist. Hier bringt uns der Busen von Guinea dem besagten Centrum — dem Gebiete, in welchem die gegenwärtig interessantesten Fragen der Geographie Afrika's zu lösen übrig geblieben sind — um mehr als 400 deutsche geographische Meilen näher. Außerdem liegt gerade hier die einzige kataraktenfreie Wasserstraße des ganzen Continentes, welche auf mindestens 1100 Kilometer, wie durch die Expeditionen der „Pleiad" 1854 und des „Henry Venn" 1879 bewiesen worden ist, europäischen Fahrzeugen kein Hinderniß in den Weg stellt.

Diese einfachen Thatsachen — da Wasserwege bekanntlich billiger, gefahrloser und bequemer sind als Landwege, namentlich in Afrika — empfehlen die nochmalige Centralisirung der deutschen Bestrebungen zur Erforschung Afrikas in Adamaua, wo, wie ehemals in Loango Chinchocko, eine oder mit der Zeit mehrere deutsche Stationen errichtet werden müßten, die als Ausgangspunkte für die zu unternehmenden Forschungsreisen dienen sollten, ferner für astronomische, meteorologische und magnetische Beobachtungen und um Sammlungen anzulegen zur Förderung aller Zweige der Naturwissenschaft, sowie namentlich auch der Ethnographie, der hier ganz besondere Dienste noch in der letzten Stunde geleistet werden könnten, da die Urbewohner des Landes vernichtet werden durch zahllose Kriege, Verdrängung aus ihren alten Sitzen, Fortführung in entlegene Länder in die Sclaverei und die grenzenlose geschlechtliche Vermischung.

Das Centrum meines Kreises liegt von der geplanten Station in Adamaua nur ca. 100 deutsche geogr. Meilen entfernt. Vom Kamerûngebirge, das mir ebenfalls s. Z. ein sehr empfehlenswerther Punkt für die Centralisirung deutscher Unternehmungen zur Erschließung und Colonisirung des dunklen Erdtheils erschien und noch erscheint, liegt jenes Centrum um ca. 140 deutsche geogr. Meilen entfernt. Dieses Gebiet hat auch die Aufmerksamkeit des Vorstandes der „Afrikanischen Gesellschaft in Deutschland" ernstlich beschäftigt (Mittheil. d. Afrik. Ges. i. D. Bd. II. H. 5 Fol. 221). An gesundem Klima steht das Bergland Adamaua dem Kamerûngebirge nicht nach, dagegen sprechen folgende Vorzüge für die Besetzung Adamauas:

Die muhamedanische Bevölkerung, die hier eine tolerant denkende genannt werden muß. Die Bildung der herrschenden Klassen in Adamaua ist die von Bornu und Haussa;

der Reichthum des Landes an guter, gesunder, auch dem Europäer gewohnter, zuträglicher Nahrung, als: Fleisch, Butter, Milch, Honig, Reis, Weizen, Datteln;

der verhältnißmäßig sehr hohe Werth von europäischen Industrie-Artikeln;

die größere Möglichkeit, in das Innere mit Erfolg vorzudringen, selbst in scheinbar sonst für den Einzelreisenden unbetretbare Gebiete, indem er häufig Gelegenheit finden wird, sich den Kriegszügen der Fulde-Eroberer oder den Handelskarawanen der Haussas anzuschließen;

der Reichthum an Elfenbein, wodurch mit Erfolg versucht werden könnte, die Unkosten des Unternehmens sicher wenigstens zu verringern.

Bei Unternehmungen von der Küste aus hat man die ewigen Kriege um Handelsvortheile, die Kleinstaatenwirthschaft der Heiden, den krassen Aberglauben und unvernünftige Sitten und Gebräuche zu fürchten. In Adamaua dagegen wird jeder Europäer, seitdem es mir geglückt ist, das Land dem Verkehr zu erschließen, hochwillkommen sein. Alle Straßen des Sudan werden hier, soweit sie von Gläubigen begangen werden — und das ist ein gewaltiges Gebiet und reicht über viele noch völlig unbekannte Länder — als Eigenthum des Emir el Mumenin in Sokoto betrachtet und Friedensstörern auf denselben einfach der Proceß gemacht.

Als erste Ziele der Mitglieder, die sich Forschungsreisen zur Aufgabe gestellt, glaube ich den Versuch der Durchquerung des Continents in der Richtung:

1. nach dem Welle Schweinfurt's,
2. „ „ östlichen Seegebiet und Zanzibar,
3. „ der Gabunmündung oder dem Congo, und
4. „ „ Mündung des Alt-Calabar

empfehlen zu müssen.

Aufgabe 3 und 4 habe ich in mein specielles Programm aufgenommen und will zunächst Aufgabe 3 zu lösen suchen, sobald ich wieder von der Gesellschaft mit Mitteln — die ich sehnlich erwarte, um noch vor Beginn der Regenzeit etwas thun zu können — versehen sein werde.

Der Vorstand der Afrikanischen Gesellschaft in Deutschland beschloß in der Sitzung des Ausschusses vom 9. Juni 1881 — spätere Nachrichten über seine Thätigkeit sind mir leider nicht zu Gesicht gekommen —: An den Operationsbasen festzuhalten unter Veränderung der Ausgangspunkte (Mittheil. d. Afrik. Gesellsch. Bd. II. Heft 5. Fol. 220). Ferner: Da Stanley mit fast unbeschränkten Mitteln im Kongogebiet arbeite, die W a h l eines nördlicheren Ausgangspunktes, welcher der Schlüssel zu dem weiter zwischen Benuë und Ogowe gelegenen Gebiete und seinen Bewohnern werden kann. (Ebendaselbst Fol. 221.)

Damals war der Vorstand noch nicht in der Lage, Näheres mittheilen zu können. Sollte ich nun mit meinen Plänen einer deutschen Benuë-Expedition, wodurch am ehesten die Gebiete zwischen Benuë und Ogowe sich erschließen lassen, nicht zu spät kommen, so könnte der Vorstand der Afrikanischen Gesellschaft in Deutschland, unterstützt durch Beiträge von Interessenten an der Ausbreitung des deutschen Handels in dem beregten Gebiete und von Freunden colonisatorischer Bestrebungen und unterstützt auch wahrscheinlich von der deutschen Regierung, die Sache mit mehr Erfolg in die Hand nehmen. Hier begegnen sich ja die Interessen der Forschung, des Handels und der Staatsverwaltung in vielen Punkten und sollten daher auch ihre Kräfte vereinigen zur Erreichung großer Ziele.

Wenn die deutsche Regierung nicht bald damit beginnt, die Entdeckungen deutscher Forscher praktisch in irgend einer Weise auszunutzen, wenn die deutsche Kaufmannschaft und die Industriellen Deutschlands nicht mehr Theilnahme, und zwar werkthätige Theilnahme, der deutschen Forschung zuzuwenden und deren Erfolgen mehr Aufmerksamkeit als seither zu widmen sich entschließen, wenn endlich die deutsche Forschung selbst in Zukunft nicht mehr Interesse zeigt, praktische Erfolge zu erzielen, so werden wir auch noch fortfahren, Opfer an Capital und werthvollen Menschenleben zum Besten anderer Nationen, die uns das wenig Dank wissen, zu bringen, wie wir es leider seither gethan haben.

Lagos, den 20. April 1883.

Ed. Robert Flegel.

Zweiter Brief.

Ich fühle das Bedürfniß, mit dem deutschen Volke in engere, bestimmte Verbindung zu treten, da meine Interessen in der Förderung der Wohlfahrt desselben gipfeln und diese Interessen nur gedeihen können bei kräftiger, opferwilliger Unterstützung von Seiten der Nation und der Regierung.

Meine Mission fasse ich mit Vorliebe so auf, daß ich mich als einen Abgesandten der Nation, einen Diener des Reiches betrachte, und mit Ausnahme der Unterstützung, die ich vom Curatorium der Karl Ritter-Stiftung erhalten — worauf ich freilich besonders stolz bin, — kommt diese in der That auch vom deutschen Volke durch dessen Geschäftsträger, die Regierung. Daher fühle ich mich verpflichtet, seinen Bedürfnissen Rechnung zu tragen und stets aufmerksam zu sein auf den praktischen Werth der von mir bereisten Gebiete für Handel, Plantagenbau, Colonisation und alle sonstigen Interessen meiner Landsleute, selbst die Wahl der zu bereisenden Gebiete eben so sehr von diesen abhängig zu machen, als von wissenschaftlichen Rücksichten. — Es ist das, glaube ich, die Pflicht jedes eigentlichen Forschungsreisenden, d. h. eines Reisenden, der nicht ausschließlich im Dienste einer Specialwissenschaft hinauszieht, und doppelt ist es seine Pflicht in der Gegenwart und als Deutscher.

Mehr als irgend eine andere Nation sind wir Deutsche auf die praktische Ausnützung von Naturländern als einem Bedürfnisse hingewiesen, soll unser erst kürzlich wieder begonnener Lebenslauf in aufsteigender Linie nicht bald ein Ende nehmen. Der Verkehr der Naturländer mit den Culturländern ist ein wechselseitig höchst nutzbringender. — Deutschland kann nur durch Colonisation und durch praktische Verwerthung seiner überschüssigen, ebenso arbeitswilligen als arbeitsfähigen Menschenkräfte in überseeischen, d. i. **bestlohnendsten** Unternehmungen den Ausfall durch den alljährlich sich steigernden Bedarf an **Brod** decken, nur dadurch sich die erst kürzlich wieder errungene bedeutsame Stellung unter den europäischen Nationen erhalten und seine nationale Wohlfahrt zugleich für Jahrhunderte hinaus fest begründen. — Was auch geschehen wird und muß! Denn ich behaupte kühn, daß diese meine Ueberzeugung — die übrigens nichts Anderes ist, als die natürliche Ursache des Geistes der Zeit, in der ich groß geworden bin — in den werdenden Generationen Deutschlands — als Ursache derselben Wirkung — schlummert, mit diesen wachsen und zur Thatsache werden wird. — Mancher deutsche Mann ist für diese Ueberzeugung Jungdeutschlands kräftigst eingetreten. Ich will nur Wenige hervorheben, deren mahnende Worte gewiß noch in Vieler Herzen nachhallen: einen Fabri, von Weber, Rohlfs und vor Allen Hübbe-Schleiden, der in seinen herrlichen Motiven für eine überseeische Politik Deutschlands das für die gegenwärtigen socialen Bedürfnisse unseres Vaterlandes geleistet hat, was der große Reformator in den 95 Wittenberger Thesen für die religiösen seiner Zeit. — Nie bin ich seit meinem achtjährigen Aufenthalte in Afrika durch eine Nachricht aus der Heimath so mächtig ergriffen worden, als bei Lesung dieser Motive in der „Kölnischen Zeitung". Ich glaube, daß sie nicht vergeblich geschrieben sind und „überseeische Politik" die Losung bleiben wird der werdenden Geschlechter in Deutschland.*)

Es geht aber vielen dieser wahrhaft großen Männer, die mit dem Vorgefühl des Kommenden und mit überlegener Geisteskraft eingreifen in das Rad der Zeit, wie Orest, der als Knabe von großen Thaten geträumt, weil sie ihm in der Ueberlieferung als abgeschlossenes Ganzes geboten wurden — und später erkennt, daß sie aus eitel Stückwerk, unterbrochen

*) Es ist schmerzlich zu bemerken, daß ein solcher Mann, auf dessen Arbeiten sich in der Hauptsache unsere heutige Politik stützt, fern der großen Bewegung, die er durch seine umfassenden Studien und Schriften mit in die rechte Bahn der „privaten Initiative" lenken half — vom Rad der rollenden Zeit — durch einen dummen Zufall vielleicht — bei Seite gedrängt zürnend feiert. —

von Noth und Enttäuschungen, bestehen. — Doch schmälert das die Bedeutung einer wahrhaft großen That? — Unsere Alten sagten: „Gut Ding will Weile haben," was man in unserer raschlebigen Zeit nicht mehr gelten lassen will. — Den ernsten Mahnungen dieser Männer wird Gehör gegeben werden im Volke sowohl als bei der Regierung, die, gebildet aus den Geistesheroen unseres Volkes, den Nutzen, den eine gesunde überseeische Politik für unser gesammtes Vaterland haben würde, wohl zu beurtheilen weiß — Wir werden bald, wenn auch nicht gleich Früchte, so doch Blüthen, d. i. manche deutsch-überseeische Unternehmung ins Leben treten sehen, denn jene Mahnungen sind der Ausdruck eines langgefühlten Bedürfnisses unserer Nation, welches sehr mit Recht gleich nach unserer politischen Einigung mächtig hervortrat, da seine Befriedigung unfraglich die nächstwichtigste Stellung nach dieser für uns einnimmt.

Wie verhält sich nun aber das deutsche Publicum zu den Bestrebungen dieser Männer, das nationale Bedürfniß der Ausbreitung unseres Volkes durch Colonisation, der Verwerthung unserer überschüssigen Arbeitskraft in überseeischen Gebieten und der dadurch bedingten Schöpfung einer behaglicheren, lohnenderen Existenz für viele Tausende, mit der Zeit Millionen Deutscher zu fördern und in die rechten Bahnen zu leiten? Ich kann aus eigener Erfahrung nicht wohl sprechen, da ich seit acht Jahren, mit nur kurzer Unterbrechung, in Afrika lebe. Nach dem aber, was mir brieflich über diesen Punkt — theils von hochberühmten deutschen Männern, die dieser Agitation selbst nahestehen — mitgetheilt wurde, ist das deutsche Publicum nicht ganz so lebhaft für diese Bestrebungen interessirt, als es im Hinblick auf die Bedeutung derselben wohl wünschenswerth wäre. — Ich habe die Absicht, hier einige bezügliche Stellen aus der erwähnten Correspondenz zu bringen, mit der Bedingung, die Namen der Autoren ungenannt lassen zu dürfen, und zwar in der guten **Absicht,** dem deutschen Publicum Gelegenheit zu geben, die nicht gerade immer schmeichelhaften Ansichten dieser, wie ich schon betonte, theils zu den hervorragendsten gehörenden Männer durch Thaten ihren Irrthum zu beweisen und sie aus zürnenden Achills in eifrige Mitkämpfer für die gute Sache zu bekehren, zu jedenfalls, wie ich voraussetzen darf, allseitiger Befriedigung und zum größten Vortheile unserer Bestrebungen für des Vaterlandes Ruhm und Nutzen.

Wenige bezügliche Stellen aus jenen Briefen:

in den Jahren 1881, 1882 und Anfang 1883.	Anmerkungen des Empfängers.
„Nichts als Worte und schöne Redens- „arten hat man bei uns, höchstens noch „Gründung eines Colonialblättchens. —	? ?
„Wir sind zufrieden mit einer journa- „listischen Agitation, die machtlos verhallt und „nachgerade schon langweilig wird. —	? ?

„Alle meine Versuche, die Xheimer für „Colonialpolitik zu begeistern, sind gescheitert.	Durch oftmals wiederholte Streiche 2c.
„Die Xheimer Kaufleute wissen das Alles „besser und Nationalitätsgefühl geht ihnen ab.	Sollten wirklich Alle moralisch *unerreichbar* sein??
„Wir haben es uns Zeit und Geld kosten „lassen, die Xheimer für Westafrika zu „begeistern, dann auch versucht, in Y Pro„paganda zu machen, alles vergeblich . . .	Schießen Sie noch einen Pfeil in derselben Richtung ab, vielleicht finden Sie alle wieder.
„Aus dem Volke heraus machen wir so „etwas nicht und die Regierung *will nicht*.	? ? ?

„Ich habe mein möglichstes versucht mit „Ihren (Schreibers dieses Brieflein) Vor„schlägen hier durchzudringen, es läßt sich „*nichts* erreichen. — Ja, wenn Sie selbst „mit Erfolg gekrönt heimkehren, dann vielleicht! und wenn ich den Anstrengungen erliegen sollte, wie so viele bessere Männer vor mir!?

Dann gehen Sie auch des Festessens verlustig, das man gewöhnlich in dankbarer Anerkennung den glücklich heimkehrenden Afrikareisenden vorsetzt, ehe . . . .

Ich will den Gedanken nicht vollenden, weil ich zur stolzen Germania in einem ähnlichen Verhältnisse stehe, wie Don Carlos zur Donna Diana, und gebiete daher meinem innern Perin *Schweigen* mit denselben Worten:

„Ich kann dich so nicht sprechen hören,
In ihrer Grausamkeit muß ich sie *doch verehren*.“

Mag uns die Heimath immerhin kein weiches Bett bereiten, es ist besser, nach redlicher Pflichterfüllung darin auszuruhen, als auf den Polstern, die der Eigennutz der Ausländer uns unterbreitet, *so lange sie unserer Kräfte bedürfen*. —

Ich hoffe, daß sich unter den Adressaten dieser meiner Briefe Männer finden werden, *die für die Interessen Deutschlands in Westafrika* **Opfer** *zu bringen willig sind, denn große Ziele sind ohne diese nicht zu erreichen.* Wenn nur erst ein Anfang mit der That gemacht wird, sie wird bald andere nach sich ziehen und uns zu schönen Erfolgen führen. —

Durch die westafrikanischen Lokalblättchen geht die Nachricht, daß der Colonialverein in Frankfurt die Insel Fernando-Po käuflich zu erwerben suche. — Warum sollte das nicht auch Thatsache sein!? *Zählt doch dieser Verein Fürsten und Ritter von Gottes Gnaden sowohl als solche von Gnaden des heiligen Geistes und Geld-*

fürsten zu seinen Mitgliedern, da darf man also **mit Recht** ein ebenso **entschiedenes** als **weises** und den Kostenpunkt weniger in Frage ziehendes Unternehmen erwarten, als die praktische Bedeutung desselben. —

Es ist unfraglich, daß der Handel in und mit Naturländern — der Tauschhandel, wie er auch in Westafrika betrieben wird — ein weit lohnenderer ist, als der in und mit Culturländern. Der deutsche Exporthandel hat sich seither mit letzterem befaßt. — Nun, da wir in den Culturländern durch die allgemein errichteten Zollschranken immer mehr beengt und auf uns selbst angewiesen werden, ist es von höchster Wichtigkeit, sich größtmögliche, überseeische Absatzgebiete zu sichern für die heimischen Erzeugnisse. Der westafrikanische Handel ist für Deutschland namentlich von höchster Wichtigkeit, nicht nur weil die Gebiete am Guineabusen uns geographisch sehr günstig gelegen sind und wir schon bedeutendes Capital daselbst engagirt haben, sondern vor Allem, weil die Importartikel zum großen Theil deutsche sind oder eben so gut sein könnten und auch die Exportgegenstände, (bis jetzt) die Hauptproducte Westafrikas, vornehmlich in Deutschland verarbeitet werden.

Zu ersteren gehören:

Salz, Genèvre in Kisten und Korbflaschen (Demijohns), Perlen, Spiegel, Messer, Steingutwaaren, Glaswaaren, Wollenwaaren, Flanelle, Tuche, Eisen, Messing und Kupfer in Stangen, Gewehre, Pulver, Achatperlen. — Baumwollenzeuge könnte Mülhausen im Elsaß eben so gut liefern, wenn daselbst mehr auf die Bedürfnisse (geringe Qualität zu möglichst billigen Preisen) der Westküste Rücksicht genommen würde.

Zu letzteren gehören:

Palmöl, Palmkerne, Sheabutter, Elfenbein in erster Linie. — Die letzten Jahre, durch die französische Concurrenz bedingt, haben großartige Veränderungen hier im Handel hervorgebracht.

Es würde also von praktischer Bedeutung sein:

1. Die gehörige Entwickelung des deutschen Handels mit der Westküste von Afrika zu befördern;
2. dessen Ausbreitung nach dem reichen, gesünderen Innern des westlichen Sudan zu beschleunigen;
3. den Export, vornehmlich deutscher Industrie-Erzeugnisse, nach Westafrika zu heben, und diese, wie die Landesproducte, direct, möglichst auf eigenen Schiffen*) unter Vermeidung aller Zwischenspesen zu versenden und zu beziehen.

---

*) Das Haus C. Woermann in Hamburg hat damit schon den Anfang gemacht, und bezeichnet dieses Vorgehen den Anfang eines bedeutsamen Aufschwunges des deutschen Handels an der Westküste von Afrika nach meiner Ueberzeugung.

Eine Hauptbedingung für die Entwickelung des deutschen Handels wäre die Förderung der Productionskraft des Landes. Dieselbe könnte sehr bald bei einiger Energie und Umsicht der leitenden Agenten — von deren Lokalkenntniß und persönlicher Tüchtigkeit freilich der ganze Erfolg in der Hauptsache abhängen würde — einen noch größeren jährlichen Fortschritt erfahren, als das hier während der letzten vier Jahre der Fall gewesen. — Die Ex- und Importwerthe haben sich verdreifacht in dieser Zeit.

Das Niger-Benuë-Gebiet liefert und kann liefern:

1. Gewürze als: schwarzen und rothen Pfeffer, Cubeben, Ingwer, Curree ꝛc.;
2. Droguen, höchst werthvolle und zahlreiche, als Quinine, Sassaparilla, ꝛc.;
3. Farbstoffe, höchst werthvolle und zahlreiche, als Orseille, Indigo ꝛc.
4. Hölzer, höchst werthvolle und zahlreiche, als Ebenholz aus Ibo, Hölzer für die Holzschneidekunst zum Herstellen von Bilderplatten ꝛc.;
5. Faserstoffe, sehr zahlreiche, vegetabilische und animalische (eine Art Seide, wovon ich Proben einschickte) ꝛc.;
6. Harze: Gumkopal, Harz zur Bereitung von Vogelleim ꝛc.;
7. Oele, vegetabilische Fette, sehr zahlreich, Palm, Ricinus, Nuß (Palmkernöl), Erdnuß, Kokosnuß (Kopra), Sheabutter ꝛc. ꝛc.;
8. Nährstoffe: Reis, Mais, Guineakorn, Jams;
9. Verschiedenes: Baumwolle, Tabak, Kaffee, Kakao, Kautschuck (wovon ich Proben sandte), Wein wächst wild am unteren Niger, vegetabilisches Elfenbein ꝛc. ꝛc.;
10. aus dem Thierreiche: Felle, Häute, Wachs, Honig, Horn u. s. w.;
11. aus dem Mineralreiche: Salze, Thone (sehr feine), Kupfer, Zinn, Blei, Antimon, Eisen, Gold im Westen.

Auch Kohle wird sich finden, wenn nur mit Verständniß darnach geforscht wird, wenigstens sollte ich meinen, lohnte das sehr der Mühe.

Zur Durchführung aller dieser, reichen Erfolg versprechenden Vorschläge — einschließlich mindestens eben so vieler wissenschaftlicher Erfolge auf vielen Specialgebieten — bedarf es in erster Linie, als **Grundbedingung für die Möglichkeit der Durchführung überhaupt**, eines kleinen Dampfers, mit Hilfe dessen:

1. Die große Victoria-Lagune und alle ihre Arme und Verbindungen namentlich mit der Hauptwasserader, dem Niger, explorirt werden müßten. Vor Allem würde ein guter Binnenlandswasserweg von Lagos — der Lagunenstadt Westafrikas, wo jetzt der deutsche Handel prädominirt — nach dem Niger und die hypothetische Verbindung zwischen Benuë und Logone (Fluß von Bagirmi) nachzuweisen, von hoher Bedeutung sein;

2. die an verschiedenen Plätzen im Niger-Benuë-Gebiete temporair zum Studium desselben zu stationirenden Specialgelehrten*) (Chemiker, Botaniker, Geologen u. s. w.), regelmäßig mit Proviant und allen sonstigen Bedürfnissen versorgt, ihre Sammlungen, Briefschaften 2c. nach der Küste zur Verschiffung, sowie sie selbst, ihre Apparate 2c. nach Bedürfniß von Ort zu Ort gebracht werden könnten.

In derselben Weise könnten dann auch junge tüchtige Männer sich selbst heranbilden für das afrikanische Geschäft. — Mittelst eines guten Dampfbootes für deutsch-wissenschaftliche sowohl als commerzielle Interessen würde die beste und einzige Gelegenheit geboten, die nöthigen Localkenntnisse zu erwerben, auch Proben zu sammeln, sowohl von den Landesproducten, als von europäischen Industrie-Erzeugnissen, auch unser handelsgeographisches Museum in Berlin zu bereichern und hauptsächlich so den Werth des Niger-Benuë-Gebietes gründlich zu studiren, wonach jeder Kaufmann daheim seine Calculation leicht und sicher zu machen im Stande sein würde.

Zu solchen Zwecken wünsche ich die Vereinigung der Vertreter des westafrikanischen Handels und der Industriellen, die ihre Erzeugnisse hierher absetzen oder abzusetzen wünschen, der Wissenschaft und der Vertreter colonisatorischer Ideen. — Wenigstens würde das Bewußtsein, zu solcher Vereinigung etwas beigetragen zu haben, eine hohe Genugthuung für mich sein.

Es giebt philosophische Aussprüche, die wie Grundsätze der Mathematik unumstößlich sind. — In Bezug auf meine Vorschläge möchte ich daran erinnern, daß der Satz: „Einigkeit macht stark" eine gleichwerthige Wahrheit enthält, wie $2 \times 2 = 4$. Freilich sind nicht alle Wahrheiten so leicht für Jedermann zu begreifen, sie verlangen vielmehr zumeist Vertrautheit mit besonderen Verhältnissen, sie verlangen ihren Mann und ihre Zeit. — Seit Stanley den Kongolauf festgestellt, glauben wir in Afrika ein neues Indien zu sehen. Die Entdeckung der Nigermündung durch die Gebrüder Lander war in mancher Hinsicht eine ähnliche That und fand ähnlich begeisterte Aufnahme und Unternehmungslust.**) — Heinrich Barth's Entdeckung des Benuëstromes gab jener dann die größere Bedeutung; doch beschäftigten andere Dinge die Welt zur Zeit, und seinen Errungenschaften wurde nur von Wenigen rechtes Verständniß entgegengebracht. Dr. Petermann prophezeihte eine neue Aera für den so lange verschlossen gewesenen Continent, und man darf überzeugt sein, in der nächsten

*) Sobald ich ein Schiff zur Verfügung habe, und für einige Bequemlichkeit zu sorgen im Stande bin, würde ich einen öffentlichen Aufruf ergehen lassen, und bin sicher, brauchbare Kräfte für alle Specialarbeiten ohne besondere Unkosten zu finden.

**) Die Expedition der Schiffe „Wilberforce", „Albert" und „Sudan" 1841.

Zukunft noch bewiesen zu sehen, daß an praktischer Bedeutung die Barth'sche Entdeckung des Benuëstromes der Stanley'schen Großthat stets würdig zur Seite stehen wird.

Die Frucht war damals noch nicht reif, heute aber ist sie es und will gepflückt sein. Beweisen wir denn den Manen des großen deutschen Forschers, was wir versäumten, dem Lebenden zu bezeigen. — Verständniß und Würdigung seines edlen Strebens, seiner hohen Errungenschaften durch die That. — Bauen wir ihm ein Fahrzeug, das seinen Namen trägt, mit der Bestimmung, seine Hoffnungen zu verwirklichen; ein Fahrzeug der „modernen Civilisation", wie es sein geistiges Auge damals (Juni 1851) den Benuë heraufkommen sah und möchten diesem zahlreiche andere folgen mit den „Alles überwindenden Kräften des Nordens", mit rüstigen Deutschen, Söhnen königlicher Kaufleute der alten Welthandelsstädte Hamburg und Bremen, die nichts schreckt, wenn es gilt, die Herrlichkeiten und Schätze der weiten Welt zusammen zu tragen zu Nutz und Frommen ihrer Landsleute, zur Erhöhung der Freuden, zur Linderung der Leiden der Menschheit, zur Mehrung des Reichthums, des Ruhmes und der Pracht der stolzen Hansa.

Abutschi am Niger, 18. August 1883.

Ed. Robert Flegel.

Dritter Brief.

Inhalt: 1. Von der Bedeutung wissenschaftlicher Stationsbeobachtungen.
2. Ueber das Wo, Was und Wie meiner praktischen Ziele.

Der Tag ist nicht mehr fern, an welchem es eine Unmöglichkeit geworden sein wird, einen der Continente auf völlig neuen unbetretenen Pfaden zu kreuzen, die zur Lösung wichtiger geographischer Probleme führen, denn wir leben wieder in einem großen Entdeckungszeitalter, das kaum seinen Höhepunkt erreicht haben dürfte, nach der Zahl der im Felde stehenden Forscher, dem Eifer derselben und den täglich neu zur Fahne strömenden Freiwilligen zu urtheilen, deren Schicksalen und Thaten das regste Interesse der ganzen gebildeten Welt mehr denn je gehört.

Diese gesunde und erfreuliche Zeitströmung überfluthet nicht nur befruchtend alle Wissenschaften mit einer Fülle neuer Erfahrungen, sondern scheint auch namentlich bei uns — in Deutschland — bestimmt, socialen Nothständen abzuhelfen, und verspricht uns eine neue, vielverheißende Aera in unserer nationalen Weltstellung zu eröffnen.

Die gegenwärtige Generation ist zu der Hoffnung berechtigt die allgemeine Kenntniß der Continente in ihren wichtigsten Grundzügen abgeschlossen dem kommenden Jahrhundert als werthvolles Vermächtniß überliefern zu können und damit den Grund gelegt zu haben zur wissenschaftlichen Forschung der nächsten Zukunft: der Methode der Stationsbeobachtungen, durch die allein uns unbekannte Erdstrecken in Wahrheit erschlossen werden, d. h. zugänglich werden für jede Art civilisatorischer Thätigkeit, welche die ihr innewohnende, wohlthätig rückwirkende Kraft auf Einzelne sowohl als auf ganze Völker noch nie verleugnet hat.

Ohne die Bedeutung der Großthaten eines Rohlfs, Cameroon, Stanley, Serpa Pinto, Wißmann 2c. zu verkennen oder in Geringstem schmälern zu wollen, kann man mit Recht behaupten, daß ein solches Durcheilen weiter Strecken unbekannter Erdräume den gegenwärtig an die wissenschaftlichen Resultate gestellten Anforderungen nicht Genüge zu thun vermag, man darf ferner behaupten, daß, diese Anforderungen zum Maßstabe genommen, manches in dieser Weise schon erforschte Gebiet wieder erforscht werden muß, um es der Wissenschaft, als nur in seinen Grundzügen bekannt, zu sichern. Das Vorstehende ist nichts weniger als ein Vorwurf für jene Helden, die durch die Anregung, welche ihre Großthaten auf alle Gemüther ausübten, schon allein der Wissenschaft die dankenswerthesten Dienste leisteten, sondern es liegt in der Natur der Sache, ihren jedes Einzelnen Vermögen weit übersteigenden Schwierigkeiten begründet. Hat Stanley auch wissenschaftlich sehr unzuverlässige Beobachtungen mitgebracht, so haben doch die bewunderungswürdigen Erfolge seines gewaltigen Unternehmens den Bestrebungen unserer Zeit eine ihrer Hauptrichtungen gegeben.

Diese Thatsachen weisen die leitenden Kreise, die Vorstände der geographischen Gesellschaften sowohl, als der Colonialvereine, von selbst auf die passendste Methode zur Erforschung unbekannter Erdtheile hin, auf Stationsbeobachtungen und auf planmäßiges, schrittweises, auf neue Stationen gestütztes Vorschreiten in jene Gebiete hinein, die noch der Entschleierung harren.

Nicht nur, daß auf diese Weise die Kenntniß des betreffenden Gebietes nach jeder beliebigen Richtung hin durch geringe Mehrausgaben — nachdem einmal die Ausgaben für die Stationen gemacht sind — gefördert werden kann, die Wissenschaft wird auch von solchen Stationen in der Regel das werthvollste, d. h. vollständig Vertrauen verdienendes, Material zur Verarbeitung erhalten. — Der Einzelreisende, der überhaupt nur nach einigen wenigen Richtungen hin wird thätig sein können, ist bei schnellem Durchzuge durch ein Land fortwährenden Irrthümern ausgesetzt. Das hat mich die tägliche Erfahrung gelehrt.

Mein Dolmetscher auf der Sokotoreise sagte mir: „Kai kamar makaho, tafia wanan ba naka ne ba, nawa", d. h.: „Du bist wie ein Blinder, diese Reise (der Ruhm derselben) ist nicht die Deine, sie ist die meine." So unverschämt das klingt, so wahr ist es. — Der Reisende sieht und hört tausend Dinge nicht, die täglich um ihn her geübt werden, tausend anderen legt er verkehrte Bedeutung bei. — Erst bei längerem Verweilen im Lande wird der Staar gehoben und er lernt die fremde Welt um sich her verstehen, die Dinge sehen, wie sie sind. Er lernt die Landessprache und wird damit in des Wortes (Karls V.) ganzer Bedeutung ein neuer Mensch.

Verkehrte Anschauungen, die Reisende — bei strengster Kritik gegen sich selbst — dennoch so häufig mitbringen, sind dann mehr schädlich als nützlich, denn

1. sie setzen, wenn sie rein wissenschaftliche Dinge betreffen, den Gelehrten, welcher sie zu bearbeiten beabsichtigt, häufig in die größte Verlegenheit und schädigen die Erkenntniß der Wahrheit überhaupt;
2. sie erzeugen, wenn sie auf praktische Dinge Bezug haben, bei dem unternehmungslustigen Kaufmanne 2c., der sie für seine Zwecke auszunutzen beabsichtigt, einen Widerwillen, mindestens eine Abneigung, selbst Verachtung gegen alle ähnlichen Berichte, der diesen, aus einem thatsächlichen Freunde der Wissenschaft in das Gegentheil verkehrt und ihn Herz und Kassette verschließen läßt gegen die Applicationen an letztere für Unternehmungen, welche keine besseren Resultate liefern.

Wo ein Land durch Residenten in demselben wissenschaftlich gründlich nach allen Richtungen hin durchforscht wird, da zeigen sich auch sehr bald dessen Vorzüge und Nachtheile für Ackerbau, Plantagenbau in den Tropen, Handel und andere rein praktische, d. h. auf Gelderwerb gerichtete Unternehmungen. Was hindert — eine Station vorausgesetzt — denn aber auch den Kaufmann selbst sich über den realen Werth eines engeren Gebietes für seine Zwecke genau zu informiren oder durch einen kaufmännisch geschulten Vertrauensmann orientiren zu lassen, falls Berichte von Männern der Wissenschaft dasselbe günstig für Handelsunternehmungen schildern. Die Unkosten der Reise, die Mühen derselben und die Gefahren 2c., alle werden nicht mehr von Bedeutung sein. — Ein Gleiches gilt von jeder Specialwissenschaft, für die es von Werth ist, in einem von Beobachtungsstationen besetzten Gebiete sich weitere Erkenntniß zu sammeln. Ein Gleiches gilt von den friedlichen Eroberungsbestrebungen unserer Nation in fremden Erdtheilen, die auf einem natürlichen — lange durch ungünstige Verhältnisse zurückgedrängten — Bedürfnisse beruhen, was unserer Regierung es nahe legt, geeignet scheinende Gebiete durch Beobachtungsstationen systematisch erforschen zu lassen.

Wir sind gegenwärtig zu der Ueberzeugung vorgeschritten, daß weder die exacte Wissenschaft, noch die Praxis, noch auch die Colonialpolitik aus jenen Unternehmungen Einzelreisender, welche die Welt mit Bewunderung erfüllen — und bei welchen es diesen gelingt einen Continent zu kreuzen oder gewaltige seither unbekannte Ländermassen zu durchziehen — einen zu den meist sehr großen Kosten irgend im Verhältniß stehenden Nutzen erzielen, wenn nicht die Specialerforschung — durch Beobachtungsstationen am besten gefördert — ihnen auf dem Fuße folgt, wenn nicht Colonialvereine sich willig bezeugen, ihre Expeditionen hinaus zu senden und das Gebiet auf seinen Werth durch Vertrauensleute kennen zu lernen. Wo das geschieht, wo die Specialforschung jenen kühnen Pfadfindern ohne Säumniß folgt, da wird der Werth ihrer That stets ein bedeutender sein, ja sich in den Augen der Mit- und Nachwelt immer mehr erhöhen und gewürdigt werden als die nothwendige Grundlage für die Resultate der Specialforschung, deren Früchte sie mitreifen sieht, vielleicht mitgenießt.

Da ein solches in jeder Beziehung zeitgemäßes Vorgehen von Seiten der geographischen Gesellschaften Deutschlands im Verhältniß zur früheren Methode der Forschung ganz bedeutende Mehrausgaben erfordern würde, sollte es in für die Ausbreitung des deutschen Handels 2c. nutzbringender Weise unternommen und fortgeführt werden, so würde das nicht nur die Vereinigung sämmtlicher geographischen Gesellschaften Deutschlands in erster Linie nothwendig machen, sondern auch die kräftigste Unterstützung dieser seitens der Nation und der Regierung erfordern.

Die deutsche Regierung wird sicher nicht ermangeln, einem Institute (die vereinigten geographischen Gesellschaften Deutschlands), das wie kaum ein anderes die Hebung des Wohlstandes und Nationalruhmes zu fördern vermag, die größtmöglichste moralische wie auch pecuniäre Unterstützung zu Theil werden zu lassen, wenn sie nur sieht, daß die Bedeutung desselben von der Nation begriffen ist und ihm — namentlich in den leitenden Kreisen der deutschen Kaufmannschaft und bei den Industriellen — eine thatkräftige Unterstützung zu Theil wird; denn der Regierung allein kann man die ganze Kostenlast für derartige größere Unternehmungen nicht zumuthen. Diese muß zum größten Theil durch freiwillige Zeichnungen patriotisch gesinnter, zur Förderung des Allgemeinwohls gern ein persönliches Opfer bringender Männer beschafft werden. — Daß auch Deutschland solche Männer besitzt — namentlich seit uns durch Begründung des Reiches das nationale Ehrgefühl gestärkt und selbst nationaler Ehrgeiz erwacht ist —, daran wird heute Niemand mehr zweifeln, und sind mir sogar persönlich davon schöne Beweise geworden. Aber es genügt nicht, daß hier und da ein hochherziger Mann bedeutende Mittel, ja selbst neben diesen auch noch seine ganze persönliche Thatkraft einsetzt, um bestimmte Pläne durchzuführen, — er muß dazu auch noch so viel Selbstverleugnung besitzen, seinen Namen aufgehen zu lassen in den einer größeren Gesellschaft (der vereinigten geographischen Gesellschaft Deutschlands), damit die deutschen Kräfte nicht zersplittert verschiedenen divergirenden Zielen zustreben, mehr Geld und Kräfte verbrauchen, als deren Resultate es werth sind. — Nur bei einem gemeinschaftlichen Vorgehen, bei einheitlicher

Leitung und mit den bedeutendsten Mitteln können große Ziele, wie wir sie hier im Auge haben, von Erfolgen von bleibendem Werthe begleitet sein.

Wie beim Ackerbau nur in der Großwirthschaft bedeutende, das Land reich machende Ueberschüsse erzielt werden können, während die Kleinwirthschaft gewöhnlich das verbraucht, was sie erntet und in schlechten Jahren selbst oft Mangel leiden muß, so würde sich hier eine gemeinsame große, von den ersten Männern der Nation geleitete Unternehmung verhalten zu zahlreichen kleinen Privatunternehmungen.

Ein solches großes Unternehmen ins Leben zu rufen, scheint der rechte Zeitpunkt gekommen. — Namentlich in Deutschland ist man sich der Vortheile wohl bewußt, die ein gemeinsames Vorgehen auf wissenschaftlichem sowohl, wie praktischem Gebiete in sich schließt und werde ich nicht vergeblich in dieser Beziehung appelliren.

Doch „wo"? soll damit begonnen werden, um der oben erwähnten Volksneigung sich neue Theile der seither ganz oder großentheils noch unbekannten Welt dienstbar zu machen, die, wenn richtig geleitet, für unser Vaterland nur zum Heil und Segen werden kann? „Was"? soll zu diesem Zwecke geschehen und „wie"? soll dieses „Was" angegriffen und durchgeführt werden?

„Wo"?

Man richte diese Frage an unsere Forschungsreisenden und Agitatoren für ähnliche Ziele, wie die hier unterstellten, deren Zahl heute wahrlich nicht klein ist, und jeder derselben wird sich mit Eifer für die gute Sache und voll fester Ueberzeugung der Richtigkeit seiner Anschauung erheben und auf sein Gebiet hinweisen, jeder derselben wird mit unerschöpflichem Reichthum von unwiderlegbaren Beweisen für den ganz besonderen Werth gerade seines Gebietes ankommen, wie sie nur die Begeisterung für ein unter großen Schwierigkeiten und opferwilliger Selbstverleugnung Jahre lang verfolgtes Unternehmen ihm zur Verfügung stellt.

Für Denjenigen, der hoch über den Zinnen solcher, naturgemäß an Vorurtheilen sehr reichen Privatanschauungen steht, der Hunderte gehört und gelesen und für sich kritisch verglichen hat, ist das erklärlich, ihn lassen solche meist sehr sanguinische Berichte gewöhnlich sehr kalt und der Reisende beklagt sich dann wohl über Mangel an Verständniß für seine Bestrebungen in der Heimath. Auch mir geht es sehr ähnlich und daher will ich die Antwort auf die Frage „Wo" nicht selbst geben, sondern mit Hilfe von Aussprüchen competenter Kreise und begründeter Nachweise.

Es ist nicht zu leugnen, daß die Westküste von Afrika für uns sehr in den Vordergrund getreten ist durch die Arbeiten der Afrikanischen Gesellschaft in Deutschland, durch Stanley's Entdeckung des schiffbaren Congo, durch Hübbe-Schleiden's hervorragende colonialpolitische Schriften 2c. Sie war seit lange für uns wichtig, und wie sehr sie es heute ist, darüber wird die Fahrt der „Möwe" noch unerwartete erfreuliche Aufschlüsse geben, denn man kannte die Bedeutung des deutschen Handels an der Westküste Afrika's seither nicht, weil es geflissentlich verborgen gehalten wurde.

In Bezug auf meinen Aufruf (erster Brief) an die Freunde deutscher Afrikaforschung ꝛc. wird mir unter Anderem aus Deutschland geschrieben, und zwar mit Angebot von Mitteln zu praktischen Unternehmungen:

> „Gegenwärtig liegen die Verhältnisse des Xschen Handels „der Art, daß die Ueberzeugung von der Nothwendigkeit, für den „Handel neue Gebiete zu erschließen, in unserer Kaufmann„schaft, besonders den leitenden Kreisen (in deren Auftrage der „Schreiber handelt) ziemlich allgemein geworden ist; auch darüber „ist kaum ein Zweifel, daß diese Gebiete nur in Afrika gefunden „werden können. . . .“

Auch hiermit ist zunächst wieder an die Westküste gedacht, die für die deutsche Schifffahrt am bequemsten liegt, die die zahlreichsten und bedeutendsten Meereseinschnitte und die größten, zahlreichsten, in jeder Beziehung bedeutendsten schiffbaren Ströme als Zugänge, natürliche Handelswege zum Innern bietet, die durch ihre politischen Zustände — die wichtigsten Strecken, z. B. die vom Niger bis zum Congo, sind noch frei — und durch ihre schon vorhandenen Beziehungen zu Deutschland unfraglich das wichtigste Gebiet für uns ist.

Große Wasserstraßen sind für den Handel und seine Ausbreitung von höchster Bedeutung. Wenn man sich nun in den Streit um den Congo (die Mündung) nicht mischen will — wie das unsere Gesellschaft in den Berichten über ihre Thätigkeit und Beschlüsse für die Zukunft auch ausgesprochen hat, — sondern nur einfach fortfährt, sich in jenen bestimmten Gebieten des Congo, den südlichen Zuflüssen, wo die deutsche Forschung Erfolge errungen und sich das Land erschlossen hat, das Vertrauen und die Zuneigung der Landeskinder zu erwerben und sich daselbst seinen Einfluß für die Zukunft zu sichern, so bleibt noch das Gebiet des Niger-Benuë mit seinen zahlreichen, größtentheils noch unbekannten, theils hypothetischen — von höchster Bedeutung — Wasserverbindungen **als freies, noch keiner europäischen Macht gehörendes Gebiet übrig,** — außerdem als Wasserstraßen zweiten und dritten Ranges: der Alt-Kalabar, Kamerûn und Ogowe. Mit ersterem steht der Niger durch Lagunen in directer Binnenlandsverbindung und der Benuë empfängt mit ihm sein Wasser von demselben, im Mittel 4—5000 Fuß hohen Scheidegebirge, welches letztere, wenn überhaupt an Colonisation im tropischen Afrika gedacht werden kann, allein sich seiner sehr gemäßigten Temperatur, des reichlich vorhandenen Großviehes, der ausgedehnten Weidegründe und des guten Bodens wegen dazu in begründetem Maße geeignet erweisen könnte. — Der Kamerûn wird sich wohl als ein Fluß von weit größerer Bedeutung, als man ihm seither beigelegt, ausweisen und oder auch der Ogowe, wie meine Erkundigungen über das hydrographische System im Süden der Wasserscheide zu bestätigen scheinen.

Somit wäre die Frage „Wo“ genau beantwortet mit West-Afrika vom Niger bis zum Congo, und das „Warum“ hier und nicht anders wo, zugleich begründet.

Die zweite Frage: „Was“ soll in diesem Gebiet (West-Afrika, vom Niger bis zum Kongo) geschehen, um der deutschen Volksneigung zu überseeischen Unternehmungen gerecht zu werden?

Die wissenschaftliche Kenntniß der genannten Gebiete soll bestmöglichst und nach allen Richtungen hin durch Stationsbeobachtung gefördert werden; das Gebiet soll durch diese insbesondere auf seine Productionskraft und Productionsfähigkeit also für deutsche Handelsinteressen untersucht werden, da der Handel Deutschlands nur durch eine seinen Bedürfnissen entsprechende nicht unbedeutende Erweiterung seines Absatzgebietes zu höherer Blüthe gelangen kann, und auch um eventuell für Plantagenbau und selbst Colonisation geeignete Gebiete ausfindig zu machen.

Aber „Wie“ soll das geschehen und in welcher Weise ist am sichersten ein Erfolg von Bedeutung zu erwarten?

Das „Wie“ ist natürlich ganz von den zur Verfügung stehenden Mitteln abhängig, und diese in genügender Quantität (denn Deutschland und Deutsche sehen immer mehr ein, daß sie nicht so arm sind im Verhältniß zu anderen Nationen, als man zu glauben sich gewöhnt hatte) vorausgesetzt, wozu wir heute Grund genug haben. Auch sind mir persönlich Angebote gemacht, die mich zu solcher Voraussetzung berechtigen.

Genügende Mittel also vorausgesetzt, schlage ich vor, eine Gesellschaft zu constituiren oder der Afrikanischen Gesellschaft Mittel zur Verfügung zu stellen zum Zwecke der Förderung unserer wissenschaftlichen Erkenntniß, der Förderung und Entwickelung des deutschen Handels und event. auch der Anlage von Plantagen im westlichen Sudan mit der Wasserstraße (Lagos, Victoria-Lagune, Wari) Niger-Benuë (Mao Kebbi, Logone, Tsadsee, Schari) und Zuflüssen als Basis.

Um diese hohen Zwecke zu erreichen, welche mit der Zeit den durch zahlreiche gebrachte Opfer an Geld und kostbaren Menschenleben uns gebührenden Antheil am vielversprechenden Handel mit dem westlichen Sudan sichern werden, und uns eine Quelle des Wohlstandes, erleichterter und darum glücklicherer Lebensverhältnisse für viele tausende, jetzt unter socialen Mißständen nothleidende Deutsche werden können, müßte zunächst für mehrere Jahre trotz eines großen Anlagecapitals von einem Verdienste überhaupt ganz abgesehen werden, denn es würde zunächst nöthig sein, den Boden hier für die Saat zu bestellen, zu säen, dann der Aussaat auch die Zeit zu gönnen, zu keimen und zu wachsen. Ich will damit durchaus nicht sagen, daß rein kaufmännische, ganz ausschließlich auf Gelderwerb gerichtete Unternehmungen hier keine Aussicht hätten, auch vor Ablauf mehrerer Jahre ein Geschäft zu machen, im Gegentheil ist auch diesen gerade hier ein großes Feld offen, trotz der mächtigen englischen Concurrenz.

Die deutsche Tüchtigkeit, Solidität, Umsicht, Sparsamkeit, die Umgangsfähigkeit, das Vermögen und der gute Wille, fremde Sprachen leicht zu erlernen und sich fremden Verhältnissen anzupassen, wird auch hier den Sieg zu erringen wissen. — Aber es ist nöthig, das Gebiet durch rein wissenschaftliche oder wissenschaftlich-commerzielle Stationen erforschen zu lassen durch Herbeiziehen der verschiedensten Kräfte, Beschaffung von Transportmitteln 2c., dasselbe leicht zugänglich zu machen für alle Interessenten und die Kenntniß desselben in die weitesten Kreise Deutschlands zu tragen, um praktische Unternehmungen zu erleichtern und zu fördern und einzuleiten.

Capitalien für die Ausführung dieser Ideen müßten von opferwilligen Menschenfreunden und Patrioten hergegeben werden, um als Pflug zu dienen, den Acker zu bestellen, für Andere wohl zumeist, wenn auch Landsleute. Es ist wohl anzunehmen und zu hoffen, daß vielleicht auch neben der Freude, der erste Hebel gewesen zu sein, der ein so viel versprechendes Unternehmen möglich machte, den hier gedachten Menschenfreunden mit der Zeit durch wichtige Entdeckungen von werthvollen, heut noch unbekannten Producten des Pflanzen- und des Mineralreiches auch ein pecuniärer Vortheil wird, aber ebensowohl kann auch der entgegengesetzte Fall eintreten, daß das darauf verwendete Capital nur einfach seinen Zweck erfüllt: die wissenschaftlichen Erfahrungen und die auf den Werth des Gebietes für Handelsunternehmungen zu erweitern, und auch das wäre als ein gutes Resultat zu betrachten. Vorausgesetzt, daß die Leitung des Unternehmens in guten Händen ruht, könnte in kurzer Zeit die Wasserverbindung nach Lagos hin, die wichtigsten Arme und Hinterwasser des unteren Niger sowohl als auch der untere Lauf der Benuë-Zuflüsse und die hypothetische Verbindung dieses Flusses mit dem Schari und Tsadsee untersucht und die Resultate dieser Untersuchungen mappirt sein. Es könnte ferner schon nach Ablauf eines halben Jahres eine gründliche Kenntniß mit Zahlen nachzuweisen und Probensammlungen von Import- und Exportartikeln (für willige Unternehmer) über das Nigergeschäft und dessen factischen Werth erworben sein. Es könnten wichtige und interessante Sammlungen zur Förderung aller Zweige der Wissenschaft angelegt werden und manche wichtige Erkenntniß über die Natur des Landes und dessen Bewohner gewonnen, ja sogar — wenn das Glück dem Unternehmen besonders hold sein will — manches wichtige, reichen Verdienst abwerfende Product entdeckt worden sein, namentlich wenn noch eine phytochemische verlegbare Station beschafft wird und meine Methode, das Land durch freiwillige Arbeiter erforschen zu lassen, durchgeführt wird. Ueber die Ausführung siehe meine Vorschläge für das Riebeck'sche Unternehmen.

Die rein praktischen Unternehmungen sollten sich auf die Arbeiten jener: Flußaufnahmen, Studien über die Uferländer, noch unbekannten Producte derselben ꝛc. ꝛc. stützen können, um so leichter über einige erste Schwierigkeiten hinweg zu kommen und festhalten zu können an der erwählten Bahn, um das große Ziel auch hier — wie in anderen Gebieten West-Afrika's — zu erreichen, für Deutschlands Handel die Vorherrschaft zu erringen.

Lagos, August 1884.

Ed. Robert Flegel.

FSC
www.fsc.org
MIX
Papier | Fördert
gute Waldnutzung
FSC® C083411

Zeitfracht Medien GmbH
Ferdinand-Jühlke-Straße 7
99095 Erfurt, Deutschland
produktsicherheit@kolibri360.de